金荣浩　毕业于韩国首尔大学和美国夏威夷大学，获博士学位。从事有关地幔和地核的研究，主要研究对象是钻石和水。目前，在庆尚大学地质物理学专业从教。代表作有：《水：地球的礼物》《资源和利用》《魏格纳的地球》《资源和环境》（第一、二册）等。

鞠敏智　1992年出生于韩国全州，怀揣着对绘画的热爱成为了插图画家。在时尚文化杂志《NYLON》插画征稿中脱颖而出，由此开始了专业创作。代表作有：《依旧快乐》《邻里通区》《阳光乡村、公寓、动物园》等。

这本书有 **7** 个有趣的部分哦！

你好啊 ☺ 水	最让人好奇的水之谜
相遇了 ☺ 水	洞穴里面原来有水呀
好奇呀 ？ 水	水的秘密快来看这里
惊讶咯 ！ 水	水的那些"不可思议"
思考吧 ☺ 水	水呀水呀我想研究你
享受吧 ☺ 水	和水一起快乐做游戏
保护它 ☺ 水	节约用水我要争第一

神奇的 自然学校

不可思议 的水

（韩）金荣浩 著
（韩）鞠敏智 绘
珍珍 译

辽宁科学技术出版社

·沈阳·

所有的水都能喝吗？

洞穴探险

为了保护我们的头部啊！洞穴里有时候会突然有石头掉下来。

哇，好大的洞穴！但是为什么要戴帽子啊？

石头掉下来躲开不就行了嘛，这么热的天还得戴帽子。

洞穴里好凉快啊，好像还有点儿冷。

妈妈，我们每年夏天都来这儿吧。这里比开空调还凉快。

这些石头长得又神奇又壮观。

哇，还有这么大的石头啊？

知道这些石头是谁造出来的吗？

爸爸，我知道！洞穴入口处写着呢，这些石头的形状是水"雕刻"出来的。

真的吗？水的力量那么大吗？

7

因为有水覆盖，所以从太空看，地球显得比其他星球更蓝。

地球表面约70%都是海水，剩下约30%是陆地。
陆地上也有很多水，如湖泊、河流、水库等。

我们用水解渴、洗头、洗澡。在家里用水来打扫房间、洗衣服。
学校、工厂、商店、田地都需要水。如果没有水，我们能活下去吗？
不仅是人类，动植物也一样，必须要有水才能活下去。

水是无色无味、透明的液体。水一点儿都不硬。
而且，因为水比空气重很多，所以它要想飞到空中，就
需要变成水蒸气。

地球上的每个人长相各异，住的地方也不尽相同。地球各处的水也像人一样，各有特色。

根据不同的地点，水可以分为溪水、海水、江水、湖水、地下水等。还可以根据特征分类，比如温泉水、矿泉水等。

海水：海水在不停地流动，所以不论什么地方的海水，成分几乎都相同。

地底深处也有水，这些水有时会随着火山喷发或地震等自然现象冒出来。地下水指的是存在于地面以下岩石空隙中的水。地下水涌到地面上，有时会形成泉水。我们可以通过打井，获取地下水。

江水和湖水：大部分江水和湖水之所以不咸，是因为几乎不含盐，例如，火山喷发形成的长白山天池和天山天池。但世界上也有一些含盐的咸水湖。

地下水：广泛分布于地表以下的各种状态的水，统称为地下水。

温泉水：由于地壳内部的岩浆作用而形成的温水。温泉水一般指从地下自然涌出的温度较高，并含有对人体健康有益的矿物质的天然泉水。

水蒸气：地表或海里的水蒸发到空气中，形成水蒸气。气温降低时，空气中的水蒸气会变成雾气或露珠。含有水蒸气的空气升到高空，聚到一起就形成了云朵。

水蒸气

矿泉水：矿泉水中溶入了二氧化碳、铁等物质，所以有特殊的味道。中国黑龙江省著名的五大连池风景区被称为"中国矿泉水之乡"。

水蒸气凝聚成美丽多姿的云朵。

降水
（凝结成水滴或冰晶
降落到地面上）

蒸发
（陆地上的水蒸发升
空，变成水蒸气）

陆地

渗透到地下
变成地下水。

水变成水蒸气的
过程叫"蒸发"，水
蒸气变成水的过程
叫"凝结"。

地下水

地下

云朵

降水
（凝结成水滴或冰晶降落到大海里）

蒸发
（冰升华后变成水蒸气）

冰变成水蒸气的过程叫"升华"。冰变成水的过程叫"融化"。

冰川

大海

地下水流向大海。

水会不断循环。有时变成冰块，有时变成水蒸气，最后又变回水。虽然形态一直变来变去，但是水的成分是不变的。

水的循环过程，没有开始或结束。最后变成什么形态并不能确定。但是很多科学家认为，最初的水是从大海里来的，因为地球上的水最终都汇聚到了大海里。

15

水能够不断循环的主要原因是阳光照射和地球引力（重力作用）。

在太阳的照射下，地面和大海中的水会蒸发到天空中形成云朵。在地球引力的作用下，云朵里的水蒸气会变成雨或雪降落。

雪

雨

飘在空中的云朵里，水蒸气颗粒会逐渐变大，变重。最后它会变成雨或者雪降落。如果遇到强冷空气，会变成冰雹落下来。

云朵

由于太阳照射，水温上升，水会变成特别轻的水蒸气飘到空中。水蒸气变多之后就汇聚成云朵。

水蒸气

水

水和地球同岁?

我们无法确定水的年龄，但是有科学家指出，水跟地球的年龄差不多。有可能在地球刚形成的时候，水就一起形成了。地球的年龄大约是46亿岁，这么说，水也差不多46亿岁吧！

地球
46亿岁

水
46亿岁

我们身体里的水

人每天都需要喝水，1千克体重需要约30毫升水。比如，体重是30千克，每天就需要喝约900毫升水。人体器官也含有大量的水。胎儿在妈妈肚子里的时候，羊水的90%以上也是水。

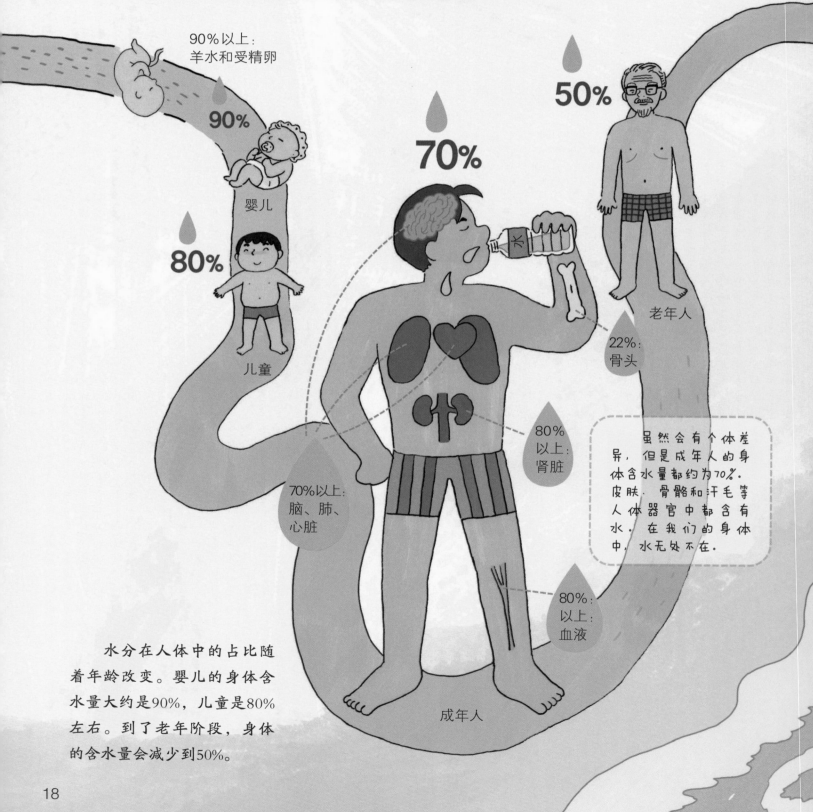

90%以上：
羊水和受精卵

90%

婴儿

80%

儿童

70%

成年人

50%

老年人

22%：
骨头

80%以上：
肾脏

70%以上：
脑、肺、
心脏

80%以上：
血液

虽然会有个体差异，但是成年人的身体含水量都约为70%。皮肤、骨骼和汗毛等人体器官中都含有水。在我们的身体中，水无处不在。

水分在人体中的占比随着年龄改变。婴儿的身体含水量大约是90%，儿童是80%左右。到了老年阶段，身体的含水量会减少到50%。

人体中的水分会受年龄、性别、胖瘦等因素的影响。有了水，人类才能维持生命。

我们喝水之后，水会循环到各个器官，然后再通过小便或者汗液排出体外。

排出水分

吸收水分

吸收水分

排出水分

缺水会引起皮肤干燥、便秘，甚至头痛。性格暴躁也有可能是缺水造成的。所以要尽量多喝水哦。

水能够维持体温，促进血液循环，帮助身体排毒。

我们平时要多喝水，不然身体就会出现很多问题。

缺水1%~2%：感到口渴。

缺水3%~4%：感到疲劳，无精打采。

缺水5%~6%：呼吸困难，严重的时候会晕倒。

缺水10%~12%：身体的各个器官停止工作，最后导致死亡。

植物里的水

植物里到底有多少水呢？

植物通过根部来吸收土壤里的养分和水分，然后才能开花结果。

输送水分的管道

植物根茎的剖面图

输送水分的管道
输送养分的管道

植物体内有导管和筛管。导管负责输送水分，筛管负责输送养分。植物自身通过水分来制造养分。

真渴啊！我要多喝点儿清凉的水。

　　我们吃的蔬菜和水果里也含有水分，其中，水分最多的是黄瓜。

　　果蔬里除了水分，还含有很多营养成分。尤其是在夏天，我们更应该多吃蔬菜和水果，来补充身体所需的水分和营养。

我们喝的水是从哪来的?

水是生活中不能缺少的，我们可以通过很多途径来获取。以前，人们去山里打泉水或者自己打井来取水，现在更多人使用自来水。自来水是通过净化湖泊、河流的水提取出来的干净的水。

这水可真好喝呀!

温度在15℃左右并含有少量矿物质的水是最好喝的。

最好的水是不含异味的干净的水。

有异味又脏的水不能直接喝。有异味、有细菌、含有大量重金属的水对我们的身体有害。

成年人每天最好喝1.5～2升水，才有利于身体健康。

洗洁精

现在，有些家庭安装了家庭直饮水设备，通过过滤自来水就可以直接喝了。

23

陆地上的水都被污染了！

陆地上的水分为地表水和地下水。水虽然拥有自我净化能力，但是，如果我们过度使用，它不但会失去自我净化能力，而且被污染之后有可能再也无法复原。

垃圾处理厂

工业废水处理厂

地下水

地下水被污染之后，可能会污染周围的湖泊，还可能会污染土地。这样的污染很难被发现，也很难治理。

农场里滥用农药和化肥，家庭过度使用洗衣粉等，都容易污染地下水。另外，工业废水和酸雨也会污染水资源。

24

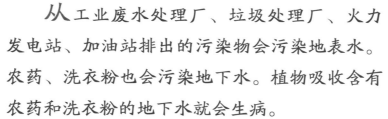

从工业废水处理厂、垃圾处理厂、火力发电站、加油站排出的污染物会污染地表水。农药、洗衣粉也会污染地下水。植物吸收含有农药和洗衣粉的地下水就会生病。

火力发电站

地表水

加油站

地表水和地下水遭到污染之后，附近的河流、湖泊、大海也会因此而被污染。污染物可以让水藻疯狂繁殖，导致鱼类因缺氧而死亡。

25

污染水的东西可真多

人们为了制造生活用品，需要开采很多自然资源。

许多自然资源都在地下，这样的资源叫作地下资源。

开采这些地下资源的时候，会引起水污染。

废弃的矿石遇到雨水之后，有害的污染物会溶解，破坏周围环境。

人们利用地下的矿石来提炼各种金属，制造轮胎、电线等各种生活用品。但是废弃矿石中的污染物会污染附近的水资源。

矿山开采时排放的水会污染周围的河流和土地，会给人类带来各种疾病。20世纪初，日本人用被工业废水污染过的河水来种田，人们吃了这种大米之后得了"痛痛病"（发生在日本的一种公害病）。"痛痛病"会使人关节疼痛。

电线　　　　橡胶手套　　　　　　　轮胎　　　金子

大海遭到污染会怎样？

生活废水、工业废水，还有船上丢弃的各种垃圾和脏水都会污染大海。沙尘暴、雾霾、酸雨也会污染大海。

沙尘暴

生活废水

石油

在海上，轮船碰撞会导致原油泄漏，这样的事故非常危险。另外，运载化学药品的船也很危险，沉船也会带来严重的海洋污染。

海洋污染最严重的后果是海洋生物死亡。海洋生物大量死亡甚至可能引起海洋食物链断裂。

大海一旦被污染，后果将很严重。海水净化需要很长的时间。

要让污水变干净

古时候，人们倒掉脏水之后，水会自我净化。

虽然水的自洁过程需要花点儿时间，但是在那个水污染并不严重的时代，是可以实现的。

对于这种程度的污染，水流着流着就可以自然净化。

废矿石

动物排泄物

各种洗涤剂

现在，城市和工厂用过的水里含有大量的污染物，所以必须经过净化处理之后才能排放到河流或大海里。

食物垃圾

人口激增、城市规模扩大、工业发展等都会导致水污染越来越严重。污水一定要进行净化处理之后才可以排放。净化处理的过程根据水的污染程度分为两个阶段。对于污染特别严重的水还需要第三阶段的处理。

第一阶段：先过滤大块儿垃圾，然后过滤沙土，再过滤特别小的垃圾颗粒。

第二阶段：利用微生物来分解第一阶段的残留垃圾，并把水和垃圾进行分离。

过滤大块儿垃圾

过滤沙土

利用化学反应溶解小垃圾颗粒

利用微生物分解

哎哟，总算变干净了，终于可以安心排放了。

☺ 酸雨是什么?

酸雨指的是pH值小于5.6的酸性雨水。燃料燃烧之后产生的有害物质跟水蒸气结合之后，就会形成酸雨。酸雨会使土壤酸化，污染环境，也会使很多动植物死亡。

冰川和海水量

　成百上千年的冰雪累积成了冰川。冰块从冰川脱离之后，流入海中漂浮就变成了冰山。海里的冰山即使全部融化，海水量也不会增加。只是从冰变成了水，总量是不变的。但是，如果陆地上的冰川融化之后流入大海，海水量就会增加。即便如此，地球上的总水量还是没有变化。

从海里看，冰山的大小令人惊讶。现在，这样的冰山正一点儿一点儿融化，慢慢变小。

地球变暖之后，极地的冰川会融化，海平面的高度就会增加。海平面上升，岛屿就会被淹没，陆地面积也会逐渐减小。

如果南极的冰川全部融化，会怎样呢？

如果地球不断地变暖，冰川就会融化，海水也会越来越多，海平面就会随之升高，不仅岛屿会被淹没，就连我们居住的城市也可能会被淹没。

沿海地区有很多著名城市。如果海平面上升，未来可能有许多城市会被淹没。

韩国首尔

如果海平面上升80米

英国伦敦

如果海平面上升20米

中国上海

如果海平面上升6米

美国旧金山

如果海平面上升3米

意大利威尼斯

如果海平面上升1米

其他星球上的水

地球属于太阳系。太阳系的中心是太阳。太阳表面的温度约6000℃，无比炎热，所以太阳上不可能有水。离太阳最近的水星和金星上也没有液态水。

木星：木星是一颗巨大的气体行星。木星的大气层中含有微量的水蒸气。

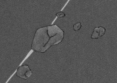

木星

水星

太阳：
太阳和所有
受太阳引力
约束的天体
的集合叫作
太阳系。

地球：地球表面的水资源很丰富，从卫星照片上看，地球是一颗蓝色星球。地球表面约70%是水。生命是从水中诞生的，所以地球是一颗生机勃勃的行星。

地球　　月球

金星

火星

火星：火星表面的大气压和温度都很低，导致液态水或蒸发或凝固，根本无法存在。研究显示，火星上确实有水流过的痕迹，说明火星表面曾经有过液态水。科学家推测，可能在火星地底深处仍有液态水存在。

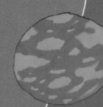

水星和金星：水星和金星离太阳很近，表面温度非常高。因此，水星和金星表面都没有液态水。有趣的是，水星的北极竟然有冰。这些冰存在于阳光永远无法照射到的环形山底部。

离地球最近的月球上有水吗？答案是：有水。与地球不同的是，月球上的水是以气态和固态的形式存在的。科学家认为，月球上没有液态水。

海王星

天王星

海王星：海王星距离太阳十分遥远，因此它的表面非常寒冷。科学家推测，海王星表面可能覆盖着一层冰。

土星

土星和天王星：土星和天王星的地底深处主要由岩石和冰组成。土星的行星环中也包含许多微小的冰块儿。

有水的地球最适合生命生存。

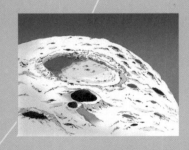

因为地球上的水量和温度都刚刚好，所以地球才是生物生存最理想的地方。月球表面遍布大大小小的陨石坑，很多科学家猜测有些陨石坑里或许有冰。

水坝可以合理调节水资源，减少由水引发的灾害。如果水坝坍塌，水坝下游地区会被淹没。

好好利用地球水资源

如今，我们可以利用科学技术制造出水，但是制造的费用相当昂贵。为了充分利用水资源，最好的办法是循环利用。比如污水净化之后重新使用，用过的水反复利用等。

联合国（UN）调查了各国的水资源情况。中国属于水资源不足的国家之一。

河川

塑料大棚

人工渗井

地下水

在韩国济州岛，村民们用打渗井的办法储存雨水，然后让雨水慢慢地渗入地下。这是个借地形充分利用水资源的好方法。

水堤可以减缓水流的速度，合理调节陆地上的水资源。水堤比水坝小。

古代，如果一直不下雨，人们会举行祭拜仪式求神降雨。

在科学技术发达的今天，我们可以人工降雨。把干冰、碘化银、盐粉发射到云中，加速雨滴凝结，降落到地面。由于干冰价格比较高，所以有时候会用碘化银来代替。

雨量多的时候，人们会把雨水储存起来。现在，储存、利用雨水的方法越来越多了。

为了保护水资源，最重要的是植树造林。森林可以减轻地球温室效应，也可以有效调节水平衡。

☺ 是谁最早开始卖纯净水的呢？

18世纪后期，贵族们到法国的"埃维昂"度假。当他们喝了这里的泉水之后，身体变健康了。这件事不久就传开了，人们为了健康纷纷来这里喝泉水。有的人病得很重，不能亲自前来，因此，有人用小罐子装水运给需要的人。19世纪，法国有一些公司通过这样的方法来获益。从那以后，贩卖纯净水的生意便兴盛起来了。

趣味
小实验

在日常生活中，我们可以用水来做有趣的小实验。通过实验，我们来认识一下水的特征吧！

叮叮当当，用水来做木琴！

❶ 准备几个玻璃杯。

❷ 每个玻璃杯装不同量的水。也可以装各种颜色的饮料，这样看起来更漂亮。

❸ 用木琴棒或筷子来敲击装了水的玻璃杯。

❹ 装水少的玻璃杯会发出低音，装水多的玻璃杯会发出高音。

高高低低，水要去哪里？

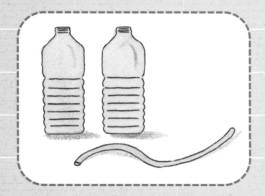

① 准备两个1.5升的水瓶和一根塑料管。塑料管不能太粗，要能插入瓶口。

② 把一个水瓶装满水，再放到稍微高一点儿的地方。另一个水瓶什么也不装，放到低一些的地方。

③ 把塑料管插进装满水的水瓶里，用嘴把塑料管里吸满水，再把塑料管插入空水瓶里。

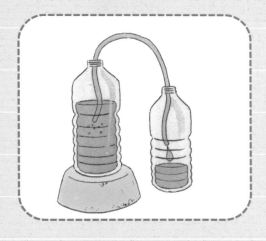

④ 可以看到水通过塑料管自动流到空瓶里去了。很神奇吧！这种现象叫虹吸效应。

用塑料管吸水的时候，小心不要喝下去哦！

小水滴呀小水滴，你从哪里来？

① 把装满水的杯子放到冰箱里冷冻。

② 等水结冰以后，取出来放一会儿。我们可以观察到水杯表面上挂满小水滴。用手擦一下试试。

用手摸一摸刚取出来的冰块儿。你会感觉到手指粘在冰块儿上了。1~2分钟以后，冰块儿的表面不仅会变透明，而且还会出现小水滴。这是冰在受热融化时发生的变化。

③ 挂在水杯上的小水滴是空气中的水蒸气凝结而成的。

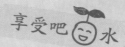

味溜味溜，来和冰雪做游戏！

冬天有很多好玩儿的游戏，比如滑冰和滑雪。

滑冰用的冰鞋分很多种，有的冰刀长，有的冰刀短，冰刀的锋利程度也不同。穿上不同的冰鞋，滑冰的感觉也会不一样。

滑雪的时候，使用不同宽度的滑雪板，滑雪的速度也会有所改变。

你滑得真好啊！

太好玩儿啦！

滑冰或滑雪选手的体重、速度不同，对冰面或雪面的压力也不一样。摩擦时冰面或雪面会受热变成水。我们能够滑冰、滑雪正是利用了这个原理。

39

珍惜水资源

地球上的水是不断循环的，总量也是固定的。

有的地区人们饱受缺水之苦，而有的地区人们却在浪费水。

如果我们节约水资源，缺水地区的人们就有可能用上干净的水。

排队接水的非洲孩子

干旱的非洲一直严重缺水，人们能喝的水又少又脏。为了寻找饮用水，他们常常需要走几个小时的路。

在非洲打深水井

有一项特殊的援助活动，就是在缺水的非洲干旱地区打深水井。

一旦村子里有了水井，人们就再也不用为了接水走那么远的路了。

再也不用担心没有水了！

节约用水并不难，都是在日常生活中就可以做到的小事。

把水接到盆里再用；洗完手以后拧紧水龙头；在浴缸里洗完澡后，用洗澡水冲马桶等。

世界水日

　　每年的3月22日是世界水日。这是联合国（UN）为了提高人们的节水意识而设立的特殊日子。水是生命赖以生存的必不可少的物质之一。

作者说

你有没有想过一个问题：地球到底是怎么诞生的？

这和"水是怎么诞生的"一样，是个非常古老的话题。如果没有水，人类根本无法生存。但是，比起水的诞生，我们应该更加关注水资源的保护。现在，水资源污染越来越严重，人类可用的水资源日益匮乏。

20世纪是石油的时代，石油是世界的宠儿。到了21世纪，变成了水资源的时代。离开水，地球上所有生命都将无法存活，而地球也将因此变成荒漠。

如今，人类利用高科技来制造各种传统能源的替代品。但是到目前为止，我们还无法大量生产出水的替代品。在工业发达、人口激增的现代社会，我们应该加倍珍惜水资源，努力保护水资源。只有节约水资源，才能减轻人类生存的负担，才能为子孙后代留下一个美丽的地球。

为了让人类能够世世代代在美丽的地球上幸福地生活，让我们一起来保护这颗生机勃勃的行星，守卫我们脚下的蓝色星球吧！

金荣浩

神奇的自然学校（全12册）

《神奇的自然学校》带领孩子们观察身边的自然环境，讲述自然故事的同时培养孩子们的思考能力，引导孩子们与自然和谐共处，并教育孩子们保护我们赖以生存的大自然。

主题包括：海洋/森林/江河/湿地/田野/大树/种子/小草/石头/泥土/水/能量。

©2021辽宁科学技术出版社
著作权合同登记号：第06-2017-46号。

图书在版编目（CIP）数据

神奇的自然学校. 不可思议的水/（韩）金荣浩著;（韩）
鞠敏智绘；珍珍译.—沈阳:辽宁科学技术出版社,2021.3
　　ISBN 978-7-5591-0828-9

　　Ⅰ. ①神… 　Ⅱ. ①金… ②鞠… ③珍… 　Ⅲ.①自然科
学—儿童读物 ②水—儿童读物 　Ⅳ.①N49 ②P33-49

　　中国版本图书馆CIP数据核字（2018）第142362号

出版发行：辽宁科学技术出版社
（地址：沈阳市和平区十一纬路25号　邮编：110003）
印　刷　者：凸版艺彩（东莞）印刷有限公司
经　销　者：各地新华书店
幅面尺寸：230mm×300mm
印　　张：5.5
字　　数：100千字
出版时间：2021年3月第1版
印刷时间：2021年3月第1次印刷
责任编辑：姜　璐　许晓倩
封面设计：吴晔菲
版式设计：李　莹　吴晔菲
责任校对：闻　洋　王春茹
书　　号：ISBN 978-7-5591-0828-9
定　　价：32.00元

投稿热线：024-23284062
邮购热线：024-23284502
E-mail：1187962917@qq.com